高等职业教育土木建筑类专业教

安装工程计量与计价实务

主编 郭靖 张慧

北京理工大学出版社
BEIJING INSTITUTE OF TECHNOLOGY PRESS

内 容 提 要

本书根据高等职业院校培养技能型人才的目标，并结合编者多年的教学经验编写而成。全书共包括10个项目，主要包括给水系统管道工程量计算，排水系统管道工程量计算，采暖系统管道工程量计算，设备安装工程量计算，水暖及水灭火附属项目工程量计算，管道及设备除锈、刷油、保温层工程量计算，电气工程配管工程量计算，电气照明工程配线工程量计算，照明器具安装工程量计算，配电控制设备及送配电装置系统调试工程量计算等内容。此外，为方便学习，本书还配有相应的工程图纸。

本书可作为高职高专院校工程造价等相关专业的教材，也可作为工程造价计价人员的工作参考用书。

版权专有　侵权必究

图书在版编目（CIP）数据

安装工程计量与计价实务 / 郭靖，张慧主编 .—北京：北京理工大学出版社，2017.1
（2021.12 重印）
ISBN 978-7-5682-3490-0

Ⅰ.①安…　Ⅱ.①郭…②张…　Ⅲ.①建筑安装工程－工程造价－高等学校－教材　Ⅳ.① TU723.3

中国版本图书馆 CIP 数据核字 (2016) 第 316006 号

出版发行 / 北京理工大学出版社有限责任公司	
社　　址 / 北京市海淀区中关村南大街 5 号	
邮　　编 / 100081	
电　　话 /（010）68914775（总编室）	
（010）82562903（教材售后服务热线）	
（010）68944723（其他图书服务热线）	
网　　址 / http://www.bitpress.com.cn	
经　　销 / 全国各地新华书店	
印　　刷 / 北京紫瑞利印刷有限公司	
开　　本 / 787 毫米 ×1092 毫米　1/16	
印　　张 / 9.5	责任编辑 / 钟　博
字　　数 / 178 千字	文案编辑 / 钟　博
版　　次 / 2017 年 1 月第 1 版　2021 年 12 月第 3 次印刷	责任校对 / 周瑞红
定　　价 / 36.00 元（含配套工程图）	责任印制 / 边心超

图书出现印装质量问题，请拨打售后服务热线，本社负责调换

前　言

　　安装工程计量与计价实务是工程造价专业进行岗位能力培养的一门专业实践课程，本课程针对人才需求组织教学内容，按照工作过程设计教学环节，充分考虑了职业教育的教学特点，强调将知识的学习融入项目训练过程中，体现了"学习内容是工作，通过工作实现学习"的工学结合课程特色，实现了行动、认知、情感的统一。

　　本书共分为10个项目，主要包括给水系统管道工程量计算，排水系统管道工程量计算，采暖系统管道工程量计算，设备安装工程量计算，水暖及水灭火附属项目工程量计算，管道及设备除锈、刷油、保温层工程量计算，电气工程配管工程量计算，电气照明工程配线工程量计算，照明器具安装工程量计算，配电控制设备及送配电装置系统调试工程量计算等内容。此外，为便于学习，本书还配有相应工程图纸。

　　本书可按60学时安排实训，编者推荐每个项目6学时，教师可根据不同的教学情况灵活安排学时，在课堂上重点强调实训任务安排、要求等，具体实训内容由学生结合实训对应课程的学习内容及任务书要求完成，老师针对部分问题进行个别指导。本任务书注重理论与实践相结合，教师可以根据具体专业灵活组织实训教学，并选取适当的工程项目课题。

　　本书由陕西工业职业技术学院郭靖、张慧担任主编。此外，广联达公司为本书编写提供了大量资料，在此一并表示感谢！

　　由于编写时间仓促，编者水平有限，书中难免存在不足和疏漏，敬请同行、专家和广大读者不吝赐教，批评指正。

编　者

目 录

绪论 ··· 1

项目1 给水系统管道工程量计算 ································ 4
    1.1 实训技能要求 ··· 4
    1.2 实训内容 ··· 4
    1.3 实训成果 ··· 8

项目2 排水系统管道工程量计算 ································ 10
    2.1 实训技能要求 ··· 10
    2.2 实训内容 ··· 10
    2.3 实训成果 ··· 12

项目3 采暖系统管道工程量计算 ································ 14
    3.1 实训技能要求 ··· 14
    3.2 实训内容 ··· 14
    3.3 实训成果 ··· 17

项目4 设备安装工程量计算 ······································ 19
    4.1 实训技能要求 ··· 19
    4.2 实训内容 ··· 19
    4.3 实训成果 ··· 21

项目5 水暖及水灭火附属项目工程量计算 ····················· 23
    5.1 实训技能要求 ··· 23
    5.2 实训内容 ··· 23
    5.3 实训成果 ··· 27

项目6　管道及设备除锈、刷油、保温层工程量计算 ………… 29
6.1　实训技能要求 ………………………………………… 29
6.2　实训内容 ……………………………………………… 29
6.3　实训成果 ……………………………………………… 32

项目7　电气工程配管工程量计算 ………………………… 34
7.1　实训技能要求 ………………………………………… 34
7.2　实训内容 ……………………………………………… 34
7.3　实训成果 ……………………………………………… 40

项目8　电气照明工程配线工程量计算 …………………… 43
8.1　实训技能要求 ………………………………………… 43
8.2　实训内容 ……………………………………………… 43
8.3　实训成果 ……………………………………………… 45

项目9　照明器具安装工程量计算 ………………………… 48
9.1　实训技能要求 ………………………………………… 48
9.2　实训内容 ……………………………………………… 48
9.3　实训成果 ……………………………………………… 50

项目10　配电控制设备及送配电装置系统调试工程量计算 … 53
10.1　实训技能要求 ………………………………………… 53
10.2　实训内容 ……………………………………………… 53
10.3　实训成果 ……………………………………………… 55

参考文献 ……………………………………………………… 58

《安装工程计量与计价实务》配套工程图

绪 论

"安装工程计量与计价实务"是工程造价专业的重要实践性教学环节,是学生对所学的建筑理论知识进行深化、拓展、综合训练的重要阶段。通过实训,引导学生独立识别安装工程施工图纸,从实际情况出发,掌握给水排水工程、采暖工程、电气照明工程工程量的计算,结合"建筑概预算与工程量清单"课程,初步掌握单位工程施工图预算的编制方法和步骤。本课程将理论教学与实际操作相结合,着重培养学生的动手能力和分析、解决实际问题处理方法的能力,为学生以后的工作打下良好的基础。

1. 实训准备

(1) 发放安装工程计量与计价综合实训报告。

(2) 确定实训分组,确定小组组长。

(3) 明确实训任务。

(4) 安排实训日程。

(5) 要求实训纪律。

(6) 说明实训报告填写及工程量计算要求。

(7) 说明实训成绩评定细则。

(8) 指导教师讲解,让学生熟悉工程图纸。

(9) 准备实训所需工具书:《陕西省建设工程工程量清单计价规则》。

2. 课程目标

(1) 知识目标。

A1. 熟悉图纸识读方法及技巧;

A2. 掌握给水系统管道工程量计算规则;

A3. 掌握排水系统管道工程量计算规则;

A4. 掌握采暖系统管道工程量计算规则;

A5. 掌握设备安装工程量计算规则;

A6. 掌握水暖及水灭火附属项目工程量计算规则;

A7. 掌握管道及设备除锈、刷油、保温层工程量计算规则;

A8．掌握电气工程配管工程量计算规则；

A9．掌握电气工程配线工程量计算规则；

A10．掌握照明器具安装工程量计算规则；

A11．掌握配电控制设备及送配电装置系统调试工程量计算规则。

（2）能力目标。

B1．能够快速、准确地找到与计算相关的图纸信息；

B2．能够熟练计算给水系统管道工程量；

B3．能够熟练计算排水系统管道工程量；

B4．能够熟练计算采暖系统管道工程量；

B5．能够熟练计算设备安装工程量；

B6．能够熟练计算水暖及水灭火附属项目工程量；

B7．能够熟练计算管道及设备除锈、刷油、保温层工程量；

B8．能够熟练计算电气工程配管工程量；

B9．能够熟练计算电气工程配线工程量；

B10．能够熟练计算照明器具安装工程量；

B11．能够熟练计算配电控制设备及送配电装置系统调试工程量。

（3）素质目标。

C1．具有严谨、细致的职业素质与团队精神；

C2．具备独立计算安装工程工程量的能力；

C3．具备独立分析和解决问题的能力。

3．任务及安排

序号	教学任务或项目	教学内容 知识	教学内容 能力	教学内容 素质	实践学时
1	给水系统管道工程量计算	A1，A2	B1，B2	C1，C2，C3	6
2	排水系统管道工程量计算	A1，A3	B1，B3	C1，C2，C3	6
3	采暖系统管道工程量计算	A1，A4	B1，B4	C1，C2，C3	6
4	设备安装工程量计算	A1，A5	B1，B5	C1，C2，C3	6
5	水暖及水灭火附属项目工程量计算	A1，A6	B1，B6	C1，C2，C3	6
6	管道及设备除锈、刷油、保温层工程量计算	A1，A7	B1，B7	C1，C2，C3	6
7	电气工程配管工程量计算	A1，A8	B1，B8	C1，C2，C3	6
8	电气工程配线工程量计算	A1，A9	B1，B9	C1，C2，C3	6
9	照明器具安装工程量计算	A1，A10	B1，B10	C1，C2，C3	6
10	配电控制设备及送配电装置系统调试工程量计算	A1，A11	B1，B11	C1，C2，C3	6
	合计		60		60

4．考核标准

（1）学生成绩以实训报告、实训纪律及实训过程中的表现为基准，分为五个等级：优秀、良好、中等、及格、不及格。

（2）日常考勤、纪律占实训周成绩的50%，实习报告完成情况占实训周成绩的50%。

（3）无缺勤、实训任务完成优秀，实训成绩评定为优秀。

（4）缺勤3个学时以下，实训任务完成良好，实训成绩评定为良好。

（5）缺勤3个学时以下，实训任务完成中等，实训成绩评定为中等。

（6）缺勤3个学时以下，实训任务完成一般，实训成绩评定为及格。

（7）缺勤3个学时以上，实训表现差，不能按时完成实训报告等情况，实训成绩评定为不及格。

5．成果形式

（1）编制给水排水工程工程量计算表。

（2）编制采暖工程工程量计算表。

（3）编制电气照明工程工程量计算表。

项目1　给水系统管道工程量计算

1.1　实训技能要求

1.1.1　知识要求

（1）了解给水系统的组成。
（2）熟悉给水管道常用材料。
（3）熟悉给水工程施工图纸常用图例。
（4）掌握给水系统管道工程量的计算规则。

1.1.2　能力要求

（1）能够识读给水工程施工图纸。
（2）能够准确计算给水系统管道工程量。

1.1.3　素质要求

（1）培养学生团结合作、勤于思考、乐于钻研的精神。
（2）具有认真踏实、诚实守信的职业道德。
（3）具备独立完成给水工程识图以及管道工程量计算的素质。

1.2　实训内容

完成附图中卫生间详图中给水系统管道工程量的计算。

1.2.1　实训步骤

（1）了解给水系统组成及常用图例。
（2）通过设计说明及系统图了解工程全貌。

（3）熟悉图例符号和文字符号，识读给水工程施工图纸。

（4）按照"引入管→干管→立管→给水支管→水表节点→给水附件→给水设备"的顺序理清线路关系。

（5）根据给水工程配管工程量的计算规则，依据上述顺序并结合敷设方式、保温情况与材质，计算卫生间详图中的管道及附件工程量。

1.2.2 知识链接

1. 给水工程的系统组成

室内给水系统主要由引入管、干管、立管、给水支管、水表节点、给水附件、给水设备等组成，如图1-1所示。

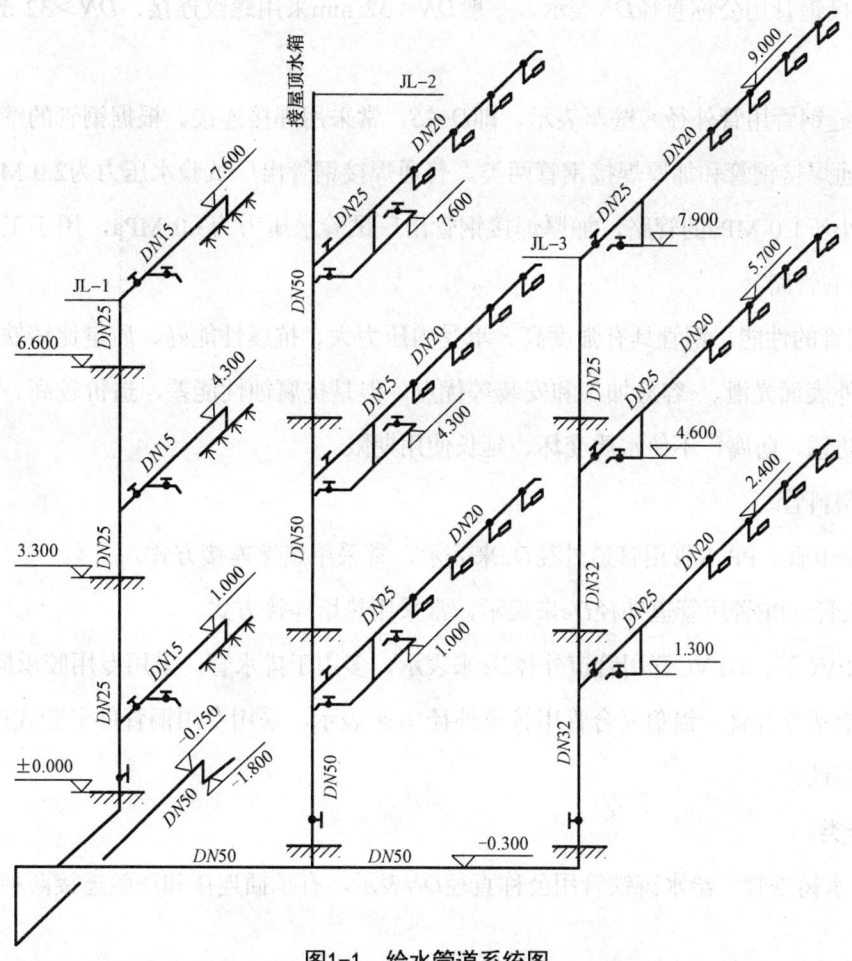

图1-1 给水管道系统图

（1）引入管。引入管也称入户管，图1-1中引入管的管径为$DN50$，标高为-1.800 m。

（2）干管。图1-1中干管的管径为$DN50$，标高为-0.300 m。

（3）立管。图1-1中共有JL-1、JL-2、JL-3三根立管，其中JL-1立管的管径为$DN25$，

JL-2立管的管径为$DN50$，JL-3立管的管径为$DN25 \rightarrow DN32$。

（4）给水支管。图1-1中JL-1系统的一层水平支管的管径为$DN15$，标高为1.000 m；JL-2、JL-3系统的一层水平支管的管径为$DN25 \rightarrow DN20$，标高为2.400 m。

（5）给水附件。给水附件包括水龙头、阀门等。

2. 给水工程的常用材料

（1）钢管。

1）分类。

① 镀锌焊接钢管用公称直径DN表示，一般$DN \leq 80$ mm采用螺纹连接，$DN > 80$ mm采用法兰连接或沟槽连接。

② 焊接钢管用公称直径DN表示，一般$DN \leq 32$ mm采用螺纹连接，$DN > 32$ mm采用焊接连接。

③ 无缝钢管用管外径×壁厚表示，即$D \times S$，常采用焊接连接。根据钢管的壁厚，又可以分为普通焊接钢管和加厚焊接钢管两类。普通焊接钢管出厂试验水压力为2.0 MPa，用于工作压力小于1.0 MPa的管路，加厚焊接钢管出厂试验水压力为3.0 MPa，用于工作压力小于1.6 MPa的管路。

2）钢管的性能。钢管具有强度高、承受内压力大、抗震性能好、质量比铸铁管小、接头少、内外表面光滑、容易加工和安装等优点，但是抗腐蚀性能差，造价较高。钢管镀锌的目的是防锈、防腐、不使水质变坏、延长使用期限。

（2）塑料管。

1）PP-R管。PP-R管用管道外径De来表示，常采用热熔连接方式。

2）PE管。PE管用管道外径De来表示，常采用热熔连接方式。

3）UPVC管。UPVC管用管道外径De来表示，多用于排水管，采用专用胶承插粘接。

（3）铝塑复合管。铝塑复合管用管道外径De来表示，采用专用铜管件卡套式连接。

（4）铸铁管。

1）分类。

① 给水铸铁管。给水铸铁管用公称直径DN表示，有承插连接和法兰连接两种，多用于室外工程。

② 排水铸铁管。排水铸铁管用公称直径DN表示，一般采用承插连接，常采用石棉水泥接口、膨胀水泥接口、青铅接口等。

2）铸铁管的性能。铸铁管具有耐腐蚀性强、使用期长、价格低廉等特点，因此，在管径大于70 mm时常用作埋地管道。其缺点是性脆、质量大、长度小。

3. 给水工程常用图例

给水工程常用图例见表1-1。

表1-1　给水工程常用图例

名称	图形	名称	图形
闸阀		化验盆洗涤盆	
截止阀		污水池	
延时自闭冲洗阀		带沥水板洗涤盆	
减压阀		盥洗槽	
球阀		妇女净身盆	
止回阀		立式小便器	
消声止回阀		挂式小便器	
蝶阀		蹲式大便器	
柔性防水套管		坐式大便器	
立管检查口		小便槽	
清扫口	平面　系统	疏水器	
通气帽	成品　蘑菇形	淋浴喷头	
圆形地漏	平面　系统	雨水口（单箅）	
方形地漏	平面　系统	雨水口（双箅）	

4. 给（排）水系统管道工程量计算

（1）管道工程量的计算规则。各种管道工程量均以施工图所示管道中心线长度计算延长米，不扣除阀门、管件（也包括减压阀、疏水器、水表、伸缩器等成组安装的附件）所占长度。

（2）计算方法。按系统和一定的顺序计算，即一个系统算完再算另一个系统，每个系统都按照一定的顺序（入户管→水平干管→立干管→水平支管）计算。

1）水平管的计算。水平管可按图示尺寸推算，也可以用比例尺直接量取。

2）垂直管的计算。垂直管应根据系统图上标注的标高进行计算。注意：系统图上切记用比例尺量取，应该找到管道的标高求差进行计算。

3）入户管的计算。入户管长度是指从室内外给水排水管道的分界点到入户的第一个立管中心之间的长度。

4）室内外给水管道界限的划分。

① 入户处设阀门者，以阀门为界；

② 入户处无阀门者，以建筑物外墙皮1.5 m处为界。

5）室内外排水管道界限的划分。

① 以出户第一个排水检查井为界；

② 无检查井者，以建筑物外墙皮1.5 m处为界。

1.3 实训成果

1.3.1 问题回答

根据相关知识点及附图，回答以下问题（表1-2）。

表1-2 问题与解答

序号	问题	解答
1	给水系统的组成包括哪些？	
2	给水系统室内外的分界点是怎样的？	
3	简述给水系统的入户管长度计算过程。	
4	DN、De分别代表什么？有何区别？	

续表

序号	问题	解答
5	简述给水系统管道工程量计算规则。	
6	JL-1中有哪几种管径？管道变径点的标高为多少？	
7	给水系统的入户管标高是多少？每一层的水平支管距地面高度是多少？水平干管的管径、标高分别为多少？	
8	水平干管的管径、标高分别为多少？怎样从图中看出来？	
9	简述JL-1系统中的水平支管DN25、DN32的管道长度计算过程。	
10	JL-2、JL-3立管的上下标高是多少？入户管DN70 H-1.20的含义是什么？	

1.3.2 编制给水系统管道工程量清单

将卫生间详图中给水系统管道工程量的计算结果填入表1-3。

表1-3 计算结果

序号	分部分项工程名称	单位	数量	计算式

项目2　排水系统管道工程量计算

2.1　实训技能要求

2.1.1　知识要求

（1）了解排水系统的组成。

（2）了解消火栓消防系统的组成。

（3）掌握排水系统管道工程量的计算规则。

2.1.2　能力要求

（1）能够识读排水工程施工图纸。

（2）能够识读消防系统工程施工图纸。

（3）能够准确计算排水系统管道工程量。

2.1.3　素质要求

（1）培养学生团结合作、勤于思考、乐于钻研的精神。

（2）具有认真踏实、诚实守信的职业道德。

（3）具备独立完成排水工程识图以及管道工程量计算的素质。

2.2　实训内容

完成附图卫生间详图中排水系统管道工程量的计算。

2.2.1　实训步骤

（1）了解排水系统的组成及消防系统的组成。

（2）通过设计说明及系统图了解工程全貌。

（3）熟悉图例符号和文字符号，识读给水排水工程施工图纸。

（4）按照"排水设备→排水附件→支管→立管→干管→出户管"的顺序理清线路关系。

（5）根据排水工程配管工程量的计算规则，依据上述顺序并结合敷设方式、保温情况与材质，计算卫生间详图中的管道及附件工程量。

2.2.2 知识链接

1. 排水工程的系统组成

室内排水系统主要由卫生器具及器具排水管、排水横支管、排水立管、通气管、排出管组成，如图2-1所示。

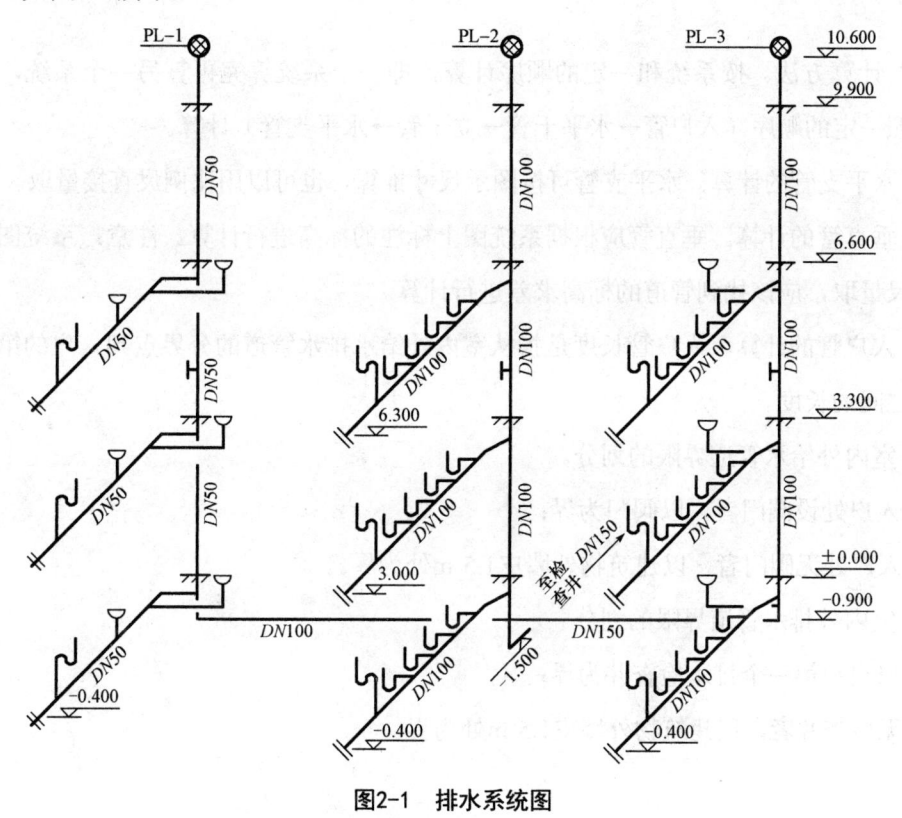

图2-1 排水系统图

（1）卫生器具及器具排水管。器具排水管是连接卫生器具和排水横支管之间的短管，在PL-1系统中，每层连接1个S形存水弯和1个$DN50$的地漏的短管；在PL-2系统中，每层连接1个S形存水弯和4个P形存水弯；在PL-3系统中，每层连接1个S形存水弯和4个P形存水弯。

（2）排水横支管。在PL-1系统中，首层排水横支管标高为-0.400 m，管径为$DN50$；在PL-2、PL-3系统中，首层排水横支管标高为-0.400 m，管径为$DN100$。

（3）排水立管。图2-1中共有PL-1、PL-2、PL-3三根立管，PL-1立管的管径为$DN50$，PL-2、PL-3立管的管径为$DN100$。

（4）排出管。排水管管径为$DN150$，标高为-1.500 m。

（5）通气管。通气管指排水立管上从顶层排水横支管至屋顶铅丝球的部分，图2-1中为从6.300 m至10.600 m的部分。

2. 排水系统管道工程量计算

（1）管道工程量的计算规则。各种管道工程量均以施工图所示管道中心线长度计算延长米，不扣除阀门、管件（也包括减压阀、疏水器、水表、伸缩器等成组安装的附件）所占长度。

（2）计算方法。按系统和一定的顺序计算，即一个系统算完再算另一个系统，每个系统都按照一定的顺序（入户管→水平干管→立干管→水平支管）计算。

1）水平支管的计算。水平支管可按图示尺寸推算，也可以用比例尺直接量取。

2）垂直管的计算。垂直管应根据系统图上标注的标高进行计算。注意：系统图上切记用比例尺量取，应该找到管道的标高求差进行计算。

3）入户管的计算。入户管长度是指从室内外给水排水管道的分界点到入户的第一个立管中心之间的长度。

4）室内外给水管道界限的划分。

① 入户处设阀门者，以阀门为界；

② 入户处无阀门者，以建筑物外墙皮1.5 m处为界。

5）室内外排水管道界限的划分。

① 以出户第一个排水检查井为界；

② 无检查井者，以建筑物外墙皮1.5 m处为界。

2.3 实训成果

2.3.1 问题回答

根据相关知识点及附图，回答以下问题（表2-1）。

表2-1 问题与解答

序号	问题	解答
1	排水系统的组成包括哪些?	
2	WL-1系统有哪几种管径的管道?	
3	简述WL-1系统$De110$水平管道长度的计算过程。	
4	WL-2系统水平管道$De110$和$De75$的变径点在哪里?	
5	简述WL-1系统$De110$出户管长度的计算过程。	
6	蹲便器的计量单位是什么?蹲便器安装定额的辅材包括哪些?	
7	WL-1系统的卫生器具有哪些?数量分别为多少?	
8	WL-1系统的通气管长度是多少?通气管伸出屋面的长度为多少?	
9	简述排水系统室内外的分界线。	
10	简述WL-1系统中$De50$水平管道长度的计算过程。	

2.3.2 编制排水系统管道工程量清单

将卫生间详图中排水管道工程量的计算结果填入表(2-2)。

表2-2 计算结果

序号	分部分项工程名称	单位	数量	计算式

项目3　采暖系统管道工程量计算

3.1　实训技能要求

3.1.1　知识要求

（1）了解采暖系统的组成。

（2）熟悉常用散热器参数。

（3）掌握采暖施工图的常用表示方法。

（4）掌握采暖系统管道工程量的计算规则。

3.1.2　能力要求

（1）能够识读采暖工程施工图纸。

（2）能够准确计算采暖系统管道工程量。

3.1.3　素质要求

（1）培养学生团结合作、勤于思考、乐于钻研的精神。

（2）具有认真踏实、诚实守信的职业道德。

（3）具备独立完成采暖工程识图以及管道工程量计算的素质。

3.2　实训内容

完成附图中采暖系统管道工程量的计算。

3.2.1　实训步骤

（1）了解采暖系统的组成及常用图示表达方法。

（2）通过设计说明及系统图了解工程全貌。

（3）熟悉图例符号和文字符号，识读采暖工程施工图纸。

（4）按照"入户管→立管→干管→支管→采暖设备"的顺序理清线路关系。

（5）根据采暖系统管道工程量的计算规则，依据上述顺序并结合敷设方式、保温情况与材质，计算配套工程图水施-14中的管道及附件工程量。

3.2.2 知识链接

1. 采暖工程的系统组成

室内采暖系统主要由热力入口装置，供、回水干管，立支管，管道附件，散热器等组成，如图3-1所示。

（1）供水干管。入户管标高为−0.400 m，供水干管的管径为$DN50 \to DN40 \to DN32 \to DN25$，变径点分别位于立管①、②、③处。

（2）回水干管。回水干管的管径从$DN25 \to DN32 \to DN40 \to DN50$，标高为−0.400 m。

（3）立支管。图3-1中立支管为单立管系统，共有4根，立管上标有$DN20 \times 15$，表示立管管径为$DN20$，连接散热器的支管管径为$DN15$。

（4）管道附件。采暖管道上的附件包括阀门、手动排气阀、集气罐或自动排气阀、伸缩器等。

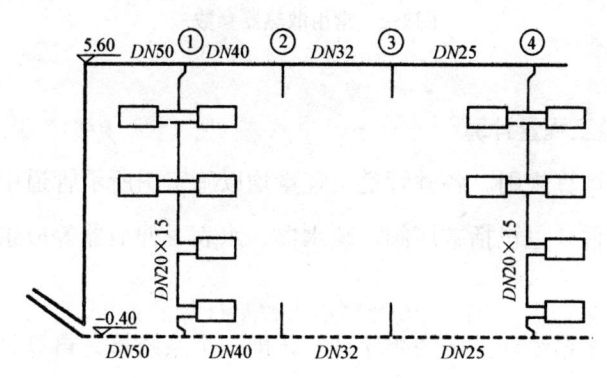

图3-1 室内采暖系统图

2. 常用散热器参数

常用散热器参数见表3-1和图3-2。

表3-1 常用散热器参数

散热器类型	型号	长度/mm	散热面积/（m²·片⁻¹）	进出口中心距/mm
柱形	二柱M-132	82	0.24	500
	四柱813	57	0.28	642
	四柱760	51	0.235	600

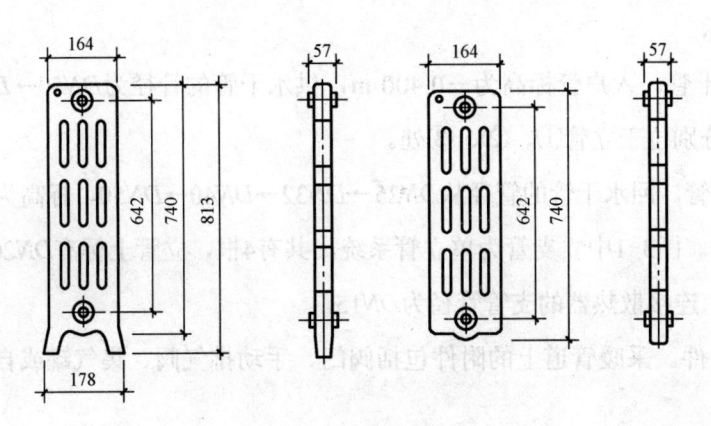

图3-2 常用散热器参数

3. 采暖系统管道工程量计算

（1）管道工程量计算规则。各种管道工程量均以施工图所示管道中心线长度计算延长米，不扣除阀门、管件（也包括减压阀、疏水器、水表、伸缩器等成组安装的附件）所占长度。

（2）计算方法。按系统和一定的顺序计算，即一个系统算完再算另一个系统，每个系统都按照一定的顺序（入户管→水平干管→立干管→水平支管）计算。

1）水平支管的计算。水平支管可按图示尺寸推算，也可以用比例尺直接量取。

2）垂直管的计算。垂直管应根据系统图上标注的标高进行计算。注意：系统图上切记用比例尺量取，应该找到管道的标高求差进行计算。

3）入户管的计算。

入户管长度＝立干管中心至室内外管道分界点长度

4）室内外采暖管道分界点。室内外采暖管道划分以入户阀门或建筑物外墙皮外1.5 m为界。

5）立干管的计算。

单管立干管长度＝立干管上、下端标高差－散热器上、下接口的间距＋
　　　　　　　　管道摵弯增加的长度

双管立干管采暖系统中单根立管长度＝立干管上、下端标高差＋管道各种摵弯增加的长度

6）串联散热器水平管道长度的计算。

水平串联支管水平长度＝水平串联环路供、回两支管中心管线长度－
　　　　　　　　　　散热器长度＋摵弯增加长度

水平串联支管垂直长度＝散热器进出水口中心距长×散热器组数

7）散热器水平支管的计算。

单侧散热器水平支管长度＝支管中心至散热器中心长度×2－散热器长度＋
　　　　　　　　　　"乙"字弯增加长度

双侧散热器水平支管长度＝两散热器中心长度×2－散热器长度＋"乙"字弯增加长度

3.3　实训成果

3.3.1　问题回答

根据相关知识点及附图，回答以下问题（表3-2）。

表3-2　问题与解答

序号	问题	解答
1	采暖系统的组成有哪些？	
2	采暖管道室内外的分界点是怎样的？	
3	入户管的标高及管径为多少？简述本工程入户管长度计算过程。	
4	此工程一共有多少个立管系统？是单立管系统还是双立管系统？	
5	简述单立管长度和双立管长度的计算公式。	
6	简述N-A-1立管系统双立管长度的计算过程。	

续表

序号	问题	解答
7	简述N-A-1立管系统水平支管长度的计算过程。	
8	散热器所占的长度应怎样计算?	
9	什么是手动排气阀?什么是自动排气阀?	
10	立管的"乙"字弯、撅弯增加长度应怎样计算?支管的"乙"字弯、撅弯增加长度应怎样计算?	

3.3.2 编制采暖系统管道工程量清单

将采暖系统图中采暖管道工程量的计算结果填入表3-3。

表3-3 计算结果

序号	分部分项工程名称	单位	数量	计算式

项目4　设备安装工程量计算

4.1　实训技能要求

4.1.1　知识要求

（1）了解卫生器具的计量单位。

（2）了解项目定额辅材所包括的内容。

（3）了解给水管、排水管的分界点。

（4）了解管道附件的计量单位。

（5）了解消火栓、散热器、水箱的计量单位。

4.1.2　能力要求

（1）能够识读卫生器具和管道附件施工图。

（2）能够准确计算卫生器具和管道附件工程量。

4.1.3　素质要求

（1）培养学生团结合作、勤于思考、乐于钻研的精神。

（2）具有认真踏实、诚实守信的职业道德。

（3）具备独立完成卫生器具和管道附件工程量计算的素质。

4.2　实训内容

完成附图水施-14中采暖卫生器具和管道附件工程量的计算。

4.2.1　实训步骤

（1）了解卫生器具和管道附件的组成。

（2）通过识读系统图计算卫生器具和管道附件的个数。

（3）熟悉图例符号和文字符号，识读卫生器具和管道附件施工图。

4.2.2 知识链接

1．卫生器具安装的计量单位和定额辅材

（1）卫生器的具组成安装以"组"为计量单位，已按标准图综合了卫生器具与给水管、排水管连接的人工与材料用量，不得另行计算。

（2）浴盆的安装不包括支座和四周侧面的砌砖及瓷砖粘贴。

（3）蹲式大便器的安装已包括了固定大便器的垫砖，但不包括大便器蹲台的砌筑。

（4）大便槽、小便槽自动冲洗水箱的安装以"套"为计量单位，已包括了水箱托架的制作安装，不得另行计算。

（5）小便槽冲洗管的制作与安装以"m"为计量单位，不包括阀门的安装，其工程量可按相应定额另行计算。

（6）脚踏开关的安装已包括了弯管与喷头的安装，不得另行计算。

（7）冷热水混合器的安装以"套"为计量单位，不包括支架制作的安装及阀门的安装，其工程量可按相应定额另行计算。

（8）蒸汽-水加热器的安装以"台"为计量单位，包括莲蓬头的安装，不包括支架的制作安装及阀门、疏水器的安装，其工程量可按相应定额另行计算。

（9）容积式水加热器的安装以"台"为计量单位，不包括安全阀的安装、保温与基础砌筑，其可按相应定额另行计算。

（10）电热水器、电开水炉的安装以"台"为计量单位，只考虑本体安装，连接管、连接件等的工程量可按相应定额另行计算。

（11）饮水器的安装以"台"为计量单位，阀门和脚踏开关的工程量可按相应定额另行计算。

2．卫生器具安装的给水、排水管分界

为了简化计算卫生器具安装的给水、排水管的具体位置，计算方法如下：

（1）给水管计算至水平管与配水支管的交接处。

（2）排水管计算至楼地面标高处。

3．管道附件工程量计算

在水暖安装工程中，管道的各种管件，如弯头、三通等，均综合考虑在管道的安装定额中，管道上安装的阀门、低压器具、水表等附件要逐项计算。

（1）阀门的安装。各种阀门的安装均以"个"为计量单位。阀门工程量计算按施工图设计以不同类型、规格型号、公称直径和连接方式统计数量。

（2）低压器具、水表的组成与安装。水表、疏水器、减压器的组成与安装以"组"为计量单位。

（3）伸缩器的制作与安装。各种伸缩器的制作与安装，均以"个"为计量单位。

（4）排气装置。

1）集气罐。集气罐的制作以"kg"为计量单位，其安装以"个"为计量单位。

2）自动排气阀。自动排气阀属于阀门类，其安装以"个"为计量单位。

3）手动排气阀。自动排气阀属于阀门类，其安装以"个"为计量单位。

4．其他设备安装工程量计算

（1）室内消火栓。消火栓定额按单栓、双栓和公称直径的不同划分子目，以"套"为计量单位。

（2）消防喷头。消防喷头的安装不分型号、规格和类型，按安装形式分为有吊顶和无吊顶两种，以"个"为计量单位。

（3）散热器。散热器工程量计算按施工图设计根据不同类型统计"片"数量或"组"数量。

（4）水箱。

1）成品水箱。成品水箱的安装，以"个"为计量单位，按水箱容量的大小，执行相应安装项目，水箱为未计价材料。

2）钢板水箱。钢板水箱的制作，以"kg"为计量单位；钢板水箱的安装，以"个"为计量单位。

4.3 实训成果

4.3.1 问题回答

根据相关知识点及附图，回答以下问题（表4-1）。

表4-1 问题与解答

序号	问题	解答
1	安装定额中,浴盆安装适用于各种型号和材质的浴盆,（　）浴盆支座和浴盆周边的砌砖、瓷砖粘贴。	A. 包括 B. 不包括
2	安装定额中,洗脸盆、洗手盆、洗涤盆适用于各种型号,台式洗脸盆安装（　）台板和支架。	A. 包括 B. 不包括
3	地漏、清扫口安装的计量单位是（　）。	A. 组　B. 套 C. 个　D. m
4	大便器安装的计量单位是（　）。	A. 组　B. 套 C. 个　D. m
5	阀门安装的计量单位是（　）。	A. 组　B. 套 C. 个　D. m
6	水表安装的计量单位是（　）。	A. 组　B. 套 C. 个　D. m
7	散热器安装的计量单位是（　）。	A. 组　B. 套 C. 个　D. 片
8	钢板水箱制作的计量单位是（　）。	A. 组　B. 套 C. 个　D. kg
9	钢板水箱安装的计量单位是（　）。	A. 组　B. 套 C. 个　D. kg
10	洗脸盆、洗手盆的定额辅材包括哪些？	

4.3.2 编制设备安装工程量清单

将附图设备安装工程量的计算结果填入表4-2。

表4-2 计算结果

序号	分部分项工程名称	单位	数量	计算式

项目5 水暖及水灭火附属项目工程量计算

5.1 实训技能要求

5.1.1 知识要求

（1）掌握管道支架工程量计算。

（2）掌握套管工程量计算。

（3）掌握管道消毒、冲洗工程量计算。

（4）了解采暖系统调整工程量计算。

5.1.2 能力要求

（1）能够识读给水排水工程和采暖工程施工图纸。

（2）能够准确计算管道支架工程量。

（3）能够准确计算套管工程量。

（4）能够准确计算管道消毒、冲洗工程量。

5.1.3 素质要求

（1）培养学生团结合作、勤于思考、乐于钻研的精神。

（2）具有认真踏实、诚实守信的职业道德。

（3）具备独立完成给水排水工程和采暖工程识图以及管道支架，套管，管道消毒、冲洗工程量计算的素质。

5.2 实训内容

完成附图中给水排水工程和采暖工程管道支架，套管，管道消毒、冲洗工程量的计算。

5.2.1 实训步骤

（1）通过设计说明及系统图了解工程全貌。

（2）熟悉图例符号和文字符号，识读给水排水工程和采暖工程施工图纸。

（3）按照"引入管→立管→干管→支管→给水附件→给水设备"的顺序理清线路关系。

（4）根据管道支架、套管、管道消毒、冲洗工程量的计算规则，依据上述顺序并结合水平管和立管的区别、保温情况与材质，计算给水排水工程和采暖工程管道支架、套管、管道消毒、冲洗工程量。

5.2.2 知识链接

1. 管道支架工程量计算

管道的材质不同，支架的材料不同（钢管需要型钢支架，塑料管需要塑料管夹），其工程量计算也就不同。在计算管道支架制作与安装的工程量时，要注意以下两点：① 室内$DN32$及以内给水、采暖管道均已包括管卡及托钩的制作安装；② 排水管均包括管卡及托吊支架、通气帽、雨水漏斗的制作安装。也就是说，只计算管径大于$DN32$的给水、采暖管道的管道支架。

（1）型钢支架工程量计算。型钢支架工程量以"kg"为计量单位，需要计算型钢支架的总质量。计算时分两步进行。

第一步：统计支架数量。管道支架按安装形式分为立管支架、水平管支架、吊架三种形式。

1）立管支架。立管支架数量按不同管径分别统计。楼层层高$H \leqslant 4$ m时，每层设1个；层高$H > 4$ m时，每层不得少于2个。

2）水平管支架、吊架。水平管支架、吊架数量按不同管径分别统计。计算公式为

$$\text{水平管支架、吊架数量} = \frac{\text{某规格管子长度}}{\text{该管水平最大间距}}$$

钢管水平安装时，水平管支架、吊架的最大间距见表5-1。

表5-1 水平管支架、吊架的最大间距

公称直径（DN）	15	20	25	32	40	50	70	80	100	125	150
保温管间距 /m	1.5	2	2	2.5	3	3	4	4	4.5	5	6
非保温管间距 /m	2.5	3	3.5	4	4.5	5	6	6	6.5	7	8

第二步：计算支架质量。计算每种规格支架的单个质量（表5-2～表5-5），再乘以支架数量，求和计算总质量。

表5-2　砖墙上单立管管卡质量（Ⅱ型）　　　　　　　　　　　　　　　　　　kg

公称直径（DN）	15	20	25	32	40	50	65	80
保温	0.49	0.5	0.6	0.84	0.87	0.9	1.11	1.32
非保温	0.17	0.19	0.2	0.22	0.23	0.25	0.28	0.38

表5-3　砖墙上单立管管卡质量　　　　　　　　　　　　　　　　　　　　　kg

公称直径（DN）	50	65	80	100	125	150	200
保温	1.502	1.726	1.851	2.139	2.547	2.678	4.908
非保温	1.38	1.54	1.66	1.95	2.27	2.41	4.63

表5-4　沿砖安装单管托架质量　　　　　　　　　　　　　　　　　　　　　kg

公称直径（DN）	15	20	25	32	40	50	70	80	100	125	150
保温管间距/m	1.362	1.365	1.423	1.433	1.471	1.512	1.716	1.801	2.479	2.847	5.348
非保温管间距/m	0.96	0.99	1.05	1.06	1.1	1.14	1.29	1.35	1.95	2.27	3.57

表5-5　沿砖安装单管滑动支座质量（Ⅰ型）　　　　　　　　　　　　　　　kg

公称直径（DN）	15	20	25	32	40	50	70	80	100	125	150
保温管间距/m	2.96	3	3.19	3.19	3.36	3.43	3.94	4.18	5.02	7.61	10.68
非保温管间距/m	2.18	2.23	2.38	2.5	2.65	2.72	3.1	3.34	4.06	6.17	7.89

（2）塑料管夹工程量计算。塑料管夹是成品，塑料管夹安装定额部分管径以"个"为计量单位，按不同管径分别计算立管和水平管管夹数量再汇总。塑料管支架的最大间距见表5-6。

表5-6　塑料管支架的最大间距

管径/mm		12	14	16	18	20	25	32	40	50	63	75	90	110
立管/m		0.5	0.6	0.7	0.8	0.9	1	1.1	1.3	1.6	1.8	2	2.2	2.4
水平管/m	冷水	0.4	0.4	0.5	0.5	0.6	0.7	0.8	0.9	1	1.1	1.2	1.35	1.55
	热水	0.2	0.2	0.25	0.3	0.3	0.35	0.4	0.5	0.6	0.7	0.8	—	—

2. 套管工程量计算

常用套管的形式有防水套管、钢套管和镀锌铁皮套管。

（1）防水套管。以"个"为计量单位，分管径统计数量，用公称直径"DN"表示。引入管及其他管道穿越地下室或地下构筑物外墙时应采取防水措施，加设防水套管，根据不同的防水要求分为刚性、柔性两种。防水套管管径按被套管的管径确定。

（2）钢套管。钢套管的制作、安装以"m"为计算单位，分两步计算。

第一步：按不同管径统计管道穿楼板、墙或梁的次数；

第二步：按所穿部位计算每种套管的长度，最后统计同种管径的总长度。

单个套管的长度确定：水平穿墙、梁的套管，两端与墙、梁饰面平齐；垂直穿楼板的套管，底与天棚饰面平齐，顶高出地面至少20 mm。

钢套管管径按比被套管道的管径大2号来确定。

（3）镀锌铁皮套管。镀锌铁皮套管的制作以"个"为计量单位，分管径统计管道穿楼板、墙或梁的数量。镀锌铁皮套管管径按被套管的管径确定。

3. 管道消毒、冲洗工程量计算

（1）给水管道消毒、冲洗的工程量，以"m"为计算单位。给水工程的管道安装完成后，交付使用前要进行管道消毒、冲洗，按定额子目的划分汇总管道长度，定额子目划分为DN50、DN100、DN200、DN300……，将DN15～DN50归为一个定额子目，即DN50；DN65～DN100归为一个定额子目，即DN100，其他依此类推。

（2）自动喷水灭火系统管道水冲洗的工程量，以"m"为计算单位。自动喷水灭火系统安装完成后，交付使用前要进行管道水冲洗，按定额子目的划分汇总管道长度，定额子目分为DN50、DN70、DN80、DN100、DN150、DN200……，将DN15～DN50归为一个定额子目，即DN50，其余按各管道的公称直径执行。

4. 采暖系统调整工程量计算

采暖系统调整的工程量，按系统数量进行计算，以"系统"为计量单位。不属于采暖系统的热水给水系统不列此项。

采暖系统安装完毕，管道防腐保温前也进行水压试验，试验合格后，也对系统进行简单冲洗，但采暖工程不计算管道消毒、冲洗工程量。

5.3 实训成果

5.3.1 问题回答

根据相关知识点及附图，回答以下问题（表5-7）。

表5-7 问题与解答

序号	问题	解答
1	对于管道支架的制作与安装，公称直径为32 mm以下的工程（　　），公称直径为32 mm以上的工程（　　）。	A．定额已综合　B．不再计算 C．另行计算　　D．按比例调整
2	型钢支架工程量的计量单位是（　　）。	A．组　B．套 C．个　D．m
3	简述型钢支架工程量计算的步骤。	
4	套管有哪几种？各种套管工程量的计量单位分别是什么？	
5	简述JL-1系统的套管工程量计算过程。	
6	简述JL-1系统中管道支架工程量的计算过程。	
7	简述JL-1系统中管道冲洗、消毒工程量的计算过程。	
8	防水套管、钢套管、镀锌铁皮套管的管径如何确定？	
9	JL-1系统中的钢套管的管径有哪几种？	
10	钢套管单个套管的长度如何确定？	

5.3.2 编制管道支架，套管，管道冲洗、消毒工程量清单

将附图中的管道支架，套管，管道冲洗、消毒工程量的计算结果填入表5-8。

表5-8 计算结果

序号	分部分项工程名称	单位	数量	计算式

项目6　管道及设备除锈、刷油、保温层工程量计算

6.1　实训技能要求

6.1.1　知识要求

（1）掌握管道除锈、刷油、保温层工程量的计算。

（2）熟悉设备除锈、刷油、保温层工程量的计算。

（3）了解型钢支架除锈、刷油工程量的计算。

6.1.2　能力要求

（1）能够识读给水排水工程和采暖工程施工图纸。

（2）能够准确计算管道除锈、刷油、保温层的工程量。

6.1.3　素质要求

（1）培养学生团结合作、勤于思考、乐于钻研的精神。

（2）具有认真踏实、诚实守信的职业道德。

（3）具备独立完成给水排水工程和采暖工程识图以及管道除锈、刷油、保温层工程量计算的素质。

6.2　实训内容

完成附图中给水排水工程图和采暖工程施工图纸中管道除锈、刷油、保温层工程量的计算。

6.2.1　实训步骤

（1）掌握管道除锈、刷油、保温层工程量的计算方法。

（2）通过设计说明及系统图了解工程全貌。

（3）熟悉图例符号和文字符号，识读给水排水工程和采暖工程施工图纸。

（4）按照"引入管→立管→干管→支管→给水附件→给水设备"的顺序理清线路关系。

（5）根据管道除锈、刷油、保温层工程量的计算规则，依据上述顺序并结合敷设方式、保温情况与材质，计算管道除锈、刷油、保温层的工程量。

6.2.2 知识链接

1. 管道除锈、刷油、保温层工程量计算

（1）管道除锈、刷油。管道除锈、刷油工程量是计算管道外展开面积，以"m^2"为计算单位。

（2）管道保温层。管道保温层（冷）工程量是计算保温材料的体积，以"m^3"为计算单位，按不同管径查表计算后再求和。

每100 mm焊接钢管刷油绝热与保护层工程量计算见表6-1。

表6-1 每100 mm焊接钢管刷油绝热与保护层工程量计算

公称直径/mm	绝热层厚度/mm									
	0	20		25		30		40		50	
	钢管表面积/m^2	绝热层体积/m^3	保护层面积/m^2	绝热层体积/m^3	保护层面积/m^2	绝热层体积/m^3	保护层面积/m^2	绝热层体积/m^3	保护层面积/m^2	绝热层体积/m^3	保护层面积/m^2
15	6.69	0.27	22.46	0.38	25.76	0.51	29.06	0.81	35.66	1.18	42.25
20	8.42	0.31	24.19	0.43	27.49	0.56	30.79	0.88	37.39	1.27	43.98
25	10.53	0.35	26.30	0.48	29.59	0.63	32.89	0.97	39.49	1.38	46.09
32	13.29	0.41	29.06	0.55	32.36	0.71	35.66	1.09	42.25	1.52	48.85
40	15.08	0.45	30.85	0.60	34.15	0.77	37.45	1.16	44.05	1.62	50.64
50	18.85	0.52	34.62	0.70	37.93	0.89	41.22	1.32	47.82	1.81	54.41
65	23.72	0.52	39.49	0.82	42.79	1.04	4.09	1.52	52.68	2.06	59.28
80	27.81	0.71	43.57	0.93	46.87	1.16	50.17	1.69	56.77	2.27	63.37
100	35.82	0.87	51.59	1.13	54.88	1.41	58.18	2.02	64.78	2.69	71.38
125	43.98	1.04	59.75	1.35	63.05	1.66	66.35	2.35	72.95	3.11	79.55
150	51.84	1.21	67.61	1.55	70.91	1.91	74.20	2.68	80.80	3.52	81.
200	68.80	1.56	84.57	1.99	87.87	2.43	91.17	3.38	97.77	4.39	104.36

(3)管道保温外保护层。管道保温外保护层工程量是计算保温材料外表面积,以"m²"为计算单位,按不同管径查表计算后再求和。

2. 设备除锈、刷油、保温层工程量计算

(1)散热器除锈、刷油工程量。

1)钢制散热器。其一般在出厂时已经做了除锈、刷油的工作,不用计算工程量。

2)光排管散热器。按管道的长度计算工程量,散热器除锈、刷油工程量也按管道的计算方法进行。

3)铸铁散热器。其除锈、刷油工程量应按散热器面积计算。

(2)钢板水箱除锈、刷油、保温及保护层工程量。

1)钢板水箱除锈、刷油工程量。钢板水箱除锈、刷油工程量是计算水箱的内、外表面积,以"m²"为计算单位,计算公式如下:

$$S = S_b \times 2 = (L \times B \times 2 + L \times H \times 2 + B \times H \times 2) \times 2（内、外）$$

式中　S_b——水箱的表面积（m²）;

　　　L、B、H——水箱的长、宽、高（m）。

注意:水箱制作完成后内、外都要进行除锈、刷油等工作。

2)钢板水箱保温层工程量。钢板水箱保温层工程量是计算水箱外保温材料的体积,以"m³"为计算单位,计算公式如下:

$$V = 2 \times \delta [(L+1.033\delta)(B+1.033\delta) + (B+1.033\delta)(H+1.033\delta) + (L+1.033\delta)(H+1.033\delta)]$$

式中　V——保温材料的体积（m³）;

　　　δ——保温材料的厚度（m）。

1.033中的0.033为保温材料厚度允许偏差系数。

3)钢板水箱保温外保护层刷漆工程量。钢板水箱保温外保护层刷漆工程量是计算水箱保温材料外的表面积,其表面尺寸每边都增加一个保温厚度,以"m²"为计算单位,计算公式如下:

$$S'_b = (L+2.1) \times (B+2.1) \times 2 + (L+2.1) \times (H+2.1) \times 2 + (B+2.1) \times (H+2.1) \times 2$$

式中　S'_b——保温层面积（m²）。

3. 型钢支架除锈、刷油工程量计算

型钢支架除锈、刷油工程量是管道支架和设备支架的质量之和，以"kg"为计算单位。对于DN32及以下的管道支架，定额只考虑了支架制作与安装工作，对这部分管道支架也需要进行除锈、刷油等防腐工作，可以利用定额提供的支架数量计算其相应的质量。

6.3 实训成果

6.3.1 问题回答

根据相关知识点及附图，回答以下问题（表6-2）。

表6-2 问题与解答

序号	问题	解答
1	管道的除锈、刷油工程量的计算单位是（　　）。	A. m^2　　B. m^3 C. 个　　D. m
2	管道的保温层工程量的计算单位是（　　）。	A. m^2　　B. m^3 C. 个　　D. m
3	管道的保护层工程量的计算单位是（　　）。	A. m^2　　B. m^3 C. 个　　D. m
4	型钢支架的除锈、刷油工程量的计算单位是（　　）。	A. kg　　B. m^3 C. 个　　D. m
5	简述JL-1系统中的管道保温层工程量的计算过程。	
6	简述JL-1系统中的管道保护层工程量的计算过程。	
7	简述N-A-1立管系统的散热器除锈、刷油工程量的计算过程。	
8	钢板水箱除锈、刷油工程量应怎样计算？公式里的字母各有什么含义？	
9	简述JL-1系统中管道的除锈、刷油工程量的计算过程。	
10	简述N-B-1立管系统的散热器除锈、刷油工程量的计算过程。	

6.3.2 编制管道除锈、刷油、保温层、保护层工程量清单

将附图中管道除锈、刷油、保温层、保护层工程量的计算结果填入表6-3。

表6-3 计算结果

序号	分部分项工程名称	单位	数量	计算式

项目7 电气工程配管工程量计算

7.1 实训技能要求

7.1.1 知识要求

（1）了解电气工程系统的组成和施工工艺。

（2）熟悉电气工程常用材料，理解常用图例。

（3）掌握电气工程配管工程量的计算规则。

7.1.2 能力要求

（1）能够识读电气工程施工图纸。

（2）能够准确计算电气工程配管工程量。

7.1.3 素质要求

（1）培养学生勤于思考、乐于钻研的精神。

（2）具有认真踏实、诚实守信的职业道德。

（3）具备独立完成电气工程配管工程量计算的素质。

7.2 实训内容

完成附图中首层照明平面图中配管工程量的计算。

7.2.1 实训步骤

（1）了解电气系统的组成及常用材料。

（2）通过设计说明及系统图了解工程全貌。

（3）熟悉图例符号和文字符号，识读电气工程施工图纸。

（4）按照"进户线→总配电箱→干线→分配电箱→支线→用电设备"的顺序理清线路关系。

（5）根据电气工程配管工程量的计算规则，依据上述顺序并结合敷设方式与材质，计算首层照明平面图中的配管工程量。

7.2.2 知识链接

1. 电气工程系统的组成

建筑电气工程系统一般是由变配电设施通过线路连接各用电器具组成一个完整的照明供电系统，主要由进户装置、室内配电箱（盘）、电缆及管线敷设、灯具、小电器（开关、插座、电扇等）、防雷接地等项目组成。

2. 常用电气材料及其基本知识

（1）导线的种类与型号。绝缘电线按固定在一起的相互绝缘的导线根数，可分为单芯线和多芯线，多芯线也可把多根单芯线固定在一个绝缘护套内。绝缘电线又可按每根导线的股数分为单股线和多股线，通常62 mm以上的绝缘电线都是多股线；62 mm及以下的绝缘电线可以是单股线，也可以是多股线，又将62 mm及以下的单股线称为硬线，将多股线称为软线。硬线用"B"表示，软线用"R"表示。电线常用的绝缘材料有聚氯乙烯和聚乙烯两种，聚氯乙烯用"V"表示，聚乙烯用"Y"表示。因此，各种型号代表不同的导线，如下所示：

BV	铜芯聚氯乙烯绝缘电线
BLV	铝芯聚氯乙烯绝缘电线
BVV	铜芯聚氯乙烯绝缘聚氯乙烯护套电线
BLVV	铝芯聚氯乙烯绝缘聚氯乙烯护套电线
BVR	铜芯聚氯乙烯绝缘软线
RV	铜芯聚氯乙烯绝缘安装软线
RVB	铜芯聚氯乙烯绝缘平型连接线软线
BVS	铜芯聚氯乙烯绝缘绞型软线
RVV	铜芯聚氯乙烯绝缘聚氯乙烯护套软线
BYR	聚乙烯绝缘软电线
BYVR	聚乙烯绝缘聚氯乙烯护套软线
RY	聚乙烯绝缘软线
RYV	聚乙烯绝缘聚氯乙烯护套软线

（2）导线敷设的基本方法。导线的敷设方法有许多种，按线路在建筑物内敷设位置的不同，分为明敷设和暗敷设；按在建筑结构上敷设位置的不同，分为沿墙、沿柱、沿梁、沿顶棚和沿地面敷设。

导线明敷设，是指导线敷设在建筑物表面看得见的部位。导线明敷设发生在建筑物全部完工以后进行，一般用于简易建筑或新增加的线路。

导线暗敷设，是指导线敷设在建筑物内的管道中。导线暗敷设与建筑结构施工同步进行，在施工过程中首先把各种导管和预埋件置于建筑结构中，建筑完工后再完成导线敷设工作。暗敷设是建筑物内导线敷设的主要方式。

导线敷设的方法也叫配线方法。不同敷设方法其差异主要是由于导线在建筑物上的固定方式不同，因此所使用的材料、器件及导线种类也随之不同。按导线固定材料的不同，常用的室内导线敷设方法有夹板配线、瓷瓶配线、线槽配线、卡钉护套配线、钢索配线、配管配线、封闭式母线槽配线等。

导线敷设方式和敷设部位的代号见表7-1、表7-2。

表7-1 导线敷设方式代号

中文名称	英文代号
（焊接）钢管敷设	SC
电线管敷设	T（TC）
塑料管（PVC管）敷设	PC（PVC）
铝卡片敷设	AL
金属线槽敷设	MR
塑料线槽敷设	PR
电缆桥架敷设	CT
钢索敷设	M
明敷设	E
暗敷设	C

表7-2 导线敷设部位代号

中文名称	英文代号	备注
地面（板）	F	各部位代号与E组合为明敷，与C组合为暗敷。例如，FC为埋地敷设，WE为沿墙明敷
墙	W	
柱	CL	
梁	B	
顶棚（板）	C	
吊顶	AC	

（3）线路标注的基本格式。

$$a—b—c\times d—e—f$$

式中 a——线路编号；

b——导线型号；

c——导线根数；

d——导线截面面积（mm^2）；

e——敷设方式及穿管管径（mm）；

f——敷设部位。

例如，"N1-BV-2×2.5＋PE2.5-SC20-FC"，表示为N1回路，导线型号为BV（铜芯聚氯乙烯绝缘电线），2根导线截面面积为2.5 mm^2，1根保护线截面面积为2.5 mm^2，SC为穿焊接钢管敷设，管径为20 mm，FC为埋地敷设。

3．电气施工图识读

（1）电气施工图的特点。

1）电气施工图大多是采用统一的图形符号并加注文字符号绘制而成。

2）电气线路都必须构成闭合回路。

3）线路中的各种设备、元件都是通过导线连接成为一个整体。

4）在进行建筑电气施工图识读时应阅读相应的土建工程图及其他安装工程图，以了解相互间的配合关系。

5）建筑电气施工图对于设备的安装方法、质量要求以及使用维修方面的技术要求等往往不能完全反映出来，所以在阅读图纸时，有关安装方法、技术要求等问题，要参照相关图集和规范。

(2)电气施工图的组成。

1)图纸目录与设计说明。其包括图纸内容、数量、工程概况、设计依据以及图中未能表达清楚的各有关事项,如供电电源的来源、供电方式、电压等级、导线敷设方式、防雷接地方式、设备安装高度及安装方式、工程主要技术数据、施工注意事项等。

2)主要材料设备表。其包括工程中所使用的各种设备和材料的名称、型号、规格、数量等,它是编制购置设备、材料计划的重要依据之一。

3)系统图,如变配电工程的供配电系统图、照明工程的照明系统图、电缆电视系统图等。系统图反映了系统的基本组成,主要电气设备,元件之间的连接情况以及它们的规格、型号、参数等。

4)平面布置图。平面布置图是电气施工图中的重要图纸之一,如变、配电所电气设备安装平面图,照明平面图,防雷接地平面图等,用来表示电气设备的编号、名称、型号及安装位置,导线的起始点、敷设部位、敷设方式及所用导线的型号、规格、根数、管径大小等。通过阅读系统图,了解系统的基本组成之后,就可以依据平面布置图编制工程预算和施工方案,然后组织施工。

5)控制原理图。其包括系统中各所用电气设备的电气控制原理,用以指导电气设备的安装和控制系统的调试运行工作。

6)安装接线图。其包括电气设备的布置与接线,应与控制原理图对照阅读,进行系统的配线和调校。

7)安装大样图(详图)。安装大样图是详细表示电气设备安装方法的图纸,对安装部件的各部位注有具体图形和详细尺寸,是进行安装施工和编制工程材料计划的重要参考。

(3)电气施工图的识读方法。

1)熟悉电气图例、符号,弄清图例、符号所代表的内容。常用的电气工程图例及文字符号可参见国家颁布的电气图形符号相关标准。

2)针对一套电气施工图,一般应先按以下顺序阅读,然后再对某部分内容进行重点识读:

①看标题栏及图纸目录:了解工程名称,项目内容,设计日期及图纸内容、数量等。

②看设计说明:了解工程概况、设计依据等,了解图纸中未能表达清楚的各有关事项。

③看设备材料表:了解工程中所使用的设备、材料的型号、规格和数量。

④看系统图:了解系统的基本组成,主要电气设备、元件之间的连接关系以及它们的规格、型号、参数等,掌握该系统的组成概况。

⑤看平面布置图,如照明平面图、防雷接地平面图等:了解电气设备的规格、型号、

数量及导线的起始点、敷设部位、敷设方式和根数等。平面布置图的阅读可按照以下顺序进行：电源进线→总配电箱→干线→支线→分配电箱→电气设备。

⑥ 看控制原理图：了解系统中电气设备的电气自动控制原理，以指导设备的安装调试工作。

⑦ 看安装接线图：了解电气设备的布置与接线。

⑧ 看安装大样图：了解电气设备的具体安装方法、安装部件的具体尺寸等。

3）抓住电气施工图的要点进行识读。

① 在明确负荷等级的基础上，了解供电电源的来源、引入方式及路数。

② 了解电源的进户方式是由室外低压架空引入还是电缆直埋引入。

③ 明确各配电回路的相序、路径，导线敷设部位、敷设方式以及导线的型号和根数。

④ 明确电气设备、器件的平面安装位置。

4）结合土建施工图进行阅读。电气施工与土建施工结合得非常紧密，施工中常常涉及各工种之间的配合问题。电气施工平面图只反映了电气设备的平面布置情况，结合土建施工图的阅读还可以了解电气设备的立体布设情况。

5）熟悉施工顺序，以便于阅读电气施工图，如识读配电系统图、照明与插座平面图时，就应首先了解室内配线的施工顺序。

6）识读时，施工图中各图纸应协调配合阅读。

对于具体工程来说，为说明配电关系需要有配电系统图；为说明电气设备、器件的具体安装位置需要有平面布置图；为说明设备工作原理需要有控制原理图；为表示元件连接关系需要有安装接线图；为说明设备、材料的特性、参数需要有设备材料表等。这些图纸的用途各不相同，但相互之间是有联系并协调一致的。应根据需要，将各图纸结合起来识读，以达到对整个工程或分部项目全面了解的目的。

4．电气工程配管工程量的计算

（1）计算规则。清单工程量与定额工程量计算规则相同，各种配管工程量均以管的材质、规格和敷设方式的不同，按"延长米"计量，不扣除接线盒（箱）、灯头盒、开关盒所占长度。

（2）计算要领。从配电箱起按各个回路进行计算，或按建筑物自然层划分计算，或按建筑平面形状特点及系统图的组成特点分片划块计算，然后汇总。千万不要"跳算"，以防止混乱，影响工程量计算的正确性。

（3）计算方法。计算配管的工程量，分两步进行，先算水平配管，再算垂直配管。

1）水平方向敷设的管，以施工平面布置图的管线走向和敷设部位为依据，并借用建筑物平面图所标墙、柱轴线尺寸进行线管长度的计算。

2）垂直方向敷设的管（沿墙、柱引上或引下），其工程量计算与楼层高度及箱、柜、盘、板、开关等设备的安装高度有关。

3）对于进户管应考虑预留长度。架空进户管预留0.2 m，埋地进户管预留长度按散水外0.5～1.0 m考虑（一般设计中标注）。

（4）配管工程量计算时应注意的问题。

1）不论明配管还是暗配管，其工程量均以管子轴线为理论长度计算。水平管长度可按平面图所示标注尺寸或用比例尺量取，垂直管长度可根据层高和安装高度计算。

2）在计算配管工程量时要重点考虑管路两端、中间的连接件：两端应该预留的要计入工程量（如进、出户管端）；中间应该扣除的必须扣除（如配电箱等所占长度）。

3）计算明配管工程量时，要考虑管轴线距墙的距离，如设计无要求，一般可以墙皮作为量取计算的基准；设备、用电器具作为管路的连接终端时，可以其中心作为量取计算的基准。

4）计算暗配管工程量时，可以墙体轴线作为量取计算的基准；如设备和用电器具作为管路的连接终端，可以其中心线与墙体轴线的垂直交点作为量取计算的基准。

5）在钢索上配管时，另外计算钢索架设和钢索拉紧装置制作与安装两项。

6）电线管，钢管明配、暗配均已包括刷防锈漆，若图纸设计要求作特殊防腐处理，按定额相关规定计算；配管工程量的计算不包括支架的制作与安装，支架的制作与安装应另列项计算。

7.3 实训成果

7.3.1 问题回答

根据相关知识点及附图，回答以下问题（表7-3）。

表7-3 问题与解答

序号	问题	解答
1	《电气设备安装工程》是《全国统一安装工程预算定额》的（　）。	A. 第一册　　B. 第二册 C. 第八册　　D. 第九册
2	焊接钢管和桥架在图中的表示符号是什么？	
3	图纸中FC、WE、WC、CC分别表示什么意思？	
4	"BV-3×16+1×10-SC40-FC"中各部分的含义是什么？	
5	首层AL4配电箱引出的1号照明回路上的配管一共有几种敷设方式？分别是什么？	
6	配管工程量计算时按哪四项标准进行分类？	
7	一层AL4配电箱引出的2号照明回路总共负责几层的照明工程？负责多少个灯的照明？	
8	系统图中AA-1~AA-7表示什么？	
9	一层AL4配电箱用电是从哪个配电柜引出的？	
10	一层AL4配电箱一共有多少条回路？各回路的用途是什么？	

7.3.2 编制配管工程工程量清单

将附图中首层照明平面图中配管工程量的计算结果填入表7-4。

表7-4 计算结果

序号	分部分项工程名称	单位	数量	计算式

项目8　电气照明工程配线工程量计算

8.1　实训技能要求

8.1.1　知识要求

（1）了解电气照明工程系统的组成和施工工艺。

（2）熟悉图纸识读方法及技巧。

（3）掌握电气照明工程配线工程量的计算规则。

8.1.2　能力要求

（1）能够识读电气照明工程施工图纸，快速找到与计算相关的图纸信息。

（2）能够对电气照明工程配线工程量的计算进行项目划分并列项。

（3）能够准确计算电气照明工程配线工程量。

8.1.3　素质要求

（1）具备良好的观察力和逻辑判断力。

（2）具有严谨、细致的工作作风。

（3）具备独立完成电气照明工程配线工程量计算的职业素质。

8.2　实训内容

完成附图中首层照明平面图中配线工程量的计算。

8.2.1　实训步骤

（1）了解电气照明系统的组成及常用材料。

（2）通过设计说明及系统图了解工程全貌。

（3）熟悉图例符号和文字符号，识读电气照明工程施工图纸。

（4）按照"进户线→总配电箱→干线→分配电箱→支线→用电设备"的顺序理清线路关系。

（5）根据电气照明工程配线工程量的计算规则，依据上述顺序并结合导线型号与根数，计算首层照明平面图中的配线工程量。

8.2.2 知识链接

1．线路的标注

$$a—b—c（d\times e+f\times g）i—j—h$$

式中　a——线缆编号；

　　　b——线缆型号；

　　　c——线缆根数；

　　　d——电缆线芯数；

　　　e——线芯截面（mm^2）；

　　　f——PE、N线芯数；

　　　g——线芯截面（mm^2）；

　　　i——线缆敷设方式；

　　　j——线缆敷设部位；

　　　h——线缆敷设安装高度（m）。

例如，"WP101-YJV-2（3×150+2×70）SC80-WE-3"，表示电缆编号为WP101，电缆型号为YJV，2根电缆并联连接，每根电缆有3根线芯，其截面面积为150 mm^2，有2根保护线，其截面面积为70 mm^2，穿管径为80 mm的焊接钢管，沿墙明敷，线缆敷设高度为距地面3 m。

2．管内穿线工程量计算规则

管内穿线分为照明和动力线路两大类，按其导线截面面积大小划分规格，以"m"为计算单位，计算单线延长米的长度。

管内穿线工程量＝（该段配管长度＋导线预留长度）×同截面导线根数

3．导线预留长度的相应规定

导线进入配电箱、配电板和其他设备的导线预留长度，按表8-1确定。

表8-1　连接设备导线的预留长度

序号	项目	预留长度	说明
1	各种配电箱、开关箱、柜、板	(高+宽)	盘面尺寸
2	单独安装（无箱、盘）的铁壳开关、闸刀开关、启动器、母线槽进出线盒等	0.3 m	以安装对象中心算起
3	由地坪管子出口引至动力接线箱	1.0 m	以管口计算
4	电源与管内导线连接（管内穿线与软、硬母线接头）	1.5 m	以管口计算
5	出户线	1.5 m	以管口计算

4．管内穿线工程量计算应注意的问题

（1）计算出管长以后，要具体分析管两端连接的是何种设备。

1）如果相连的是盒（接线盒、灯头盒、开关盒、插座盒）和接线箱，因为穿线项目中分别综合考虑了进入灯具及明暗开关、插座、按钮等预留导线的长度，所以穿线工程量不必考虑预留。

单线延长米＝管长×管内穿线的根数（型号、规格相同）

2）如果相连的是设备，那么穿线工程量必须考虑预留。

单线延长米＝（管长＋管两端所接设备的预留长度）×管内穿线根数

（2）导线与设备相连时需设焊（压）接线端子，以"个"为计量单位，根据进、出配电箱、设备的配线规格、根数计算，套用相应定额。

8.3　实训成果

8.3.1　问题回答

根据相关知识点及附图，回答以下问题（表8-2）。

表8-2 问题与解答

序号	问题	解答
1	连接各种开关箱、柜、板的导线预留长度是多少?	
2	导线的长度计算公式是怎样的?	
3	线路中导线的根数是如何在图纸中标注的?	
4	一层AL4配电箱引出的2号照明回路在二层和三层的配线工程量是多少?写出计算过程和结果。	
5	一层AL4配电箱引出的14号电力回路上WC敷设方式的配线工程量是多少?写出计算过程和结果。	

8.3.2 编制配线工程工程量清单

将附图中首层照明平面图中配线工程量的计算结果填入表8-3。

表8-3 计算结果

序号	分部分项工程名称	单位	数量	计算式

项目9 照明器具安装工程量计算

9.1 实训技能要求

9.1.1 知识要求

（1）了解电气照明工程系统的组成和施工工艺。

（2）熟悉图纸识读方法及技巧。

（3）掌握照明器具安装工程量的计算规则。

9.1.2 能力要求

（1）能够识读电气照明工程施工图纸，快速找到与计算相关的图纸信息。

（2）能够对照明器具安装工程量的计算进行项目划分并列项。

（3）能够准确计算照明器具安装工程量。

9.1.3 素质要求

（1）培养学生勤于思考、乐于钻研的精神。

（2）具有认真踏实、诚实守信的职业道德。

（3）具备独立完成照明器具安装工程量计算的职业素质。

9.2 实训内容

完成附图中照明平面图中照明器具安装工程量的计算。

9.2.1 实训步骤

（1）了解电气照明工程系统的组成及常用材料。

（2）通过设计说明及系统图了解工程全貌。

（3）熟悉图例符号和文字符号，识读电气照明工程施工图纸。

(4) 区分照明器具的种类。

(5) 依据照明器具安装工程量的计算规则，根据照明平面图，依次分楼层、分品种计算照明平面图中的照明器具安装工程量。

9.2.2 知识链接

1. 照明器具的种类

照明器具包括灯具、开关、按钮、插座、安全变压器、电铃、风扇等。

灯具的安装，分室内和室外两种。室内灯具的安装方式，通常有吸顶式、嵌入式、吸壁式和悬吊式。以悬吊式安装的灯具又可分为软线吊灯、链条吊灯和钢管吊灯。室外灯具一般安装在电杆上、墙上或悬挂在钢索上。灯具安装方式符号和灯具种类符号分别见表9-1和表9-2。

表9-1 灯具安装方式符号

名称	线吊式	链吊式	管吊式	壁装式	嵌入式
符号	SW	CS	DS	W	R
名称	吸顶式	顶棚内安装	墙壁内安装	座装	柱上安装
符号	C	CR	WR	HZ	CL

表9-2 灯具种类符号

名称	普通吊灯	壁灯	吸顶灯	柱灯	投光灯
符号	P	B	D	Z	T
名称	花灯	荧光灯	防水防尘	工厂一般灯具	
符号	H	Y	F	G	

插座分为单相二孔、单相三孔、单相五孔和三相四孔等，其安装方式分为明装、暗装两种。普通插座的安装高度一般为距地0.3 m，厨房、卫生间等插座的安装高度一般为距地1.5 m，空调插座的安装高度一般为距地1.8 m。

2. 灯具的标注方式

$$a-b\frac{c \times d \times L}{e}f$$

式中 a——灯具个数；

b——灯具型号或编号；

c——每个灯具的灯泡（管）数；

d——灯泡（管）功率（W）；

e——灯具安装高度，"-"表示吸顶安装；

f——安装方式；

L——光源种类[Ne（氖）、Xe（氙）、Na（纳）、Hg（汞）、I（碘）、IN（白炽）、FL（荧光）等]，常常省略。

3. 灯具安装工程量的计算规则

灯具安装工程量均以"套"为计算单位。

普通灯具的安装，应区分灯具的种类和规格；荧光灯具的安装，应区分灯具的安装形式、灯具种类和灯管数量。

4. 开关、按钮、插座安装工程量的计算规则

开关、按钮、插座安装工程量，均以"套"为计算单位。

开关、按钮的安装，应区分开关、按钮的安装形式，开关、按钮的种类，开关极数以及单控与双控；插座的安装，应区分电源相数、额定电流、插座的安装形式以及插座插孔个数。

5. 安全变压器、电铃、风扇安装工程量的计算规则

（1）安全变压器安装工程量，以功率（VA）区分规格，以"台"为计算单位，不包括支架的制作。

（2）电铃安装工程量，均以"套"为计算单位。

（3）风扇安装，分为吊扇、壁扇和排气扇的安装，其工程量以"台"为计算单位，已包括吊扇调速开关的安装。

9.3 实训成果

9.3.1 问题回答

根据相关知识点及附图，回答以下问题（表9-3）。

表9-3 问题与解答

序号	问题	解答
1	$2\dfrac{40}{2.7}$CS 表示什么含义？	
2	$6-\text{BYS}80\dfrac{2\times40\times\text{FL}}{3.5}$CS 表示什么含义？	
3	一层AL4配电箱引出的1号照明回路一共负责多少个疏散灯的照明？	
4	一层AL4配电箱引出的2号照明回路总共负责几层的照明工程？负责多少个灯的照明？	
5	一层AL4配电箱引出的5号照明回路上总共有多少个用电设备以及开关？	

9.3.2 编制照明器具安装工程量清单

将附图中照明平面图中照明器具安装工程量的计算结果填入表9-4。

表9-4 计算结果

序号	分部分项工程名称	单位	数量	计算式

项目10　配电控制设备及送配电装置系统调试工程量计算

10.1　实训技能要求

10.1.1　知识要求

（1）了解配电控制设备的组成内容。

（2）熟悉图纸识读方法及技巧。

（3）掌握配电控制设备及送配电装置系统调试工程量的计算规则。

10.1.2　能力要求

（1）能够识读电气工程施工图纸，快速找到与计算相关的图纸信息。

（2）能够对配电控制设备及相关设备安装工程量计算进行项目划分并列项。

（3）能够准确计算配电控制设备及送配电装置系统调试工程量。

10.1.3　素质要求

（1）具备良好的观察力和逻辑判断力。

（2）具有严谨、细致的工作作风。

（3）具备独立完成电气工程配电控制设备及送配电装置系统调试工程量计算的职业素质。

10.2　实训内容

完成附图中电气工程配电控制设备及送配电装置系统调试工程量的计算。

10.2.1　实训步骤

（1）了解电气照明系统的组成。

（2）通过设计说明及系统图了解工程全貌。

(3) 熟悉图例符号和文字符号，识读电气工程施工图纸。

(4) 区分配电控制设备及相关设备种类。

(5) 根据电气工程配电控制设备及送配电装置系统调试工程量的计算规则，分别计算电气工程配电控制设备及送配电装置系统调试的工程量。

10.2.2 知识链接

1. 配电箱的安装

配电箱分为照明配电箱和动力配电箱，安装方式有明装和暗装，形式有落地式和悬挂式。配电箱箱底距地面的高度：一般暗装配电箱为1.5 m，明装配电箱和配电板不应小于1.8 m。

2. 低压开关的安装

常用的低压开关有断路器、闸刀开关、灯具开关及其他开关。

(1) 断路器：一般都安装在配电箱内或配电板上。

(2) 闸刀开关：有胶盖、铁盖两种，并有单相、三相之分，一般都安装在配电箱内或配电板上。

(3) 灯具开关：根据控制照明支路的不同，分为单联、双联、三联，根据其结构又有扳把开关、翘板开关、拉线开关。

(4) 其他开关：有限位开关、按钮等。

对开关的安装高度要求为：拉线开关一般距顶棚0.2～0.3 m，其他各种开关一般距地面1.3 m。

3. 配电控制设备安装工程量的计算规则

(1) 控制台、控制箱、配电箱的安装工程量以"台"为计算单位，应标明箱柜大小及尺寸，配电箱区分落地式和悬挂嵌入式两种。

(2) 配电装置设备的支架安装工程量按施工图设计的需要量计算，以"kg"为计算单位。落地式配电箱的基础槽钢或角钢制作及安装工程量，以"kg"为计算单位；基础型钢的安装工程量，以"m"为计算单位。

(3) 盘柜配线是指盘柜内组装电气元件之间的连接线，计算工程量时，以导线的不同截面划分，以"m"为计算单位。

(4) 端子板的安装工程量，以"组"为计算单位。端子板外部接线，按导线截面面积区分为2.5 mm^2（以内）和6 mm^2（以内）两种规格，其工程量均以"个"为计算单位。各种屏、柜、箱、台的安装，均未包括端子板的外部接线工作内容，应根据设计图纸计算端子板的规格、数量，套用外部接线定额。

4．低压电气设备安装工程量的计算规则

控制开关、熔断器、按钮、限位开关的安装工程量应按不同类别，分别以"个"为计算单位。

5．送配电装置系统调试工程量的计算规则

送配电装置系统调试工程量以"系统"为计算单位，其适用于各种供电回路（包括照明供电回路）的系统调试工程量计算。凡供电回路中带有仪表、继电器、电磁开关调试元件的（不包括闸刀开关、保险器），均按调试系统计算。

10.3　实训成果

10.3.1　问题回答

根据相关知识点及附图，回答以下问题（表10-1）。

表10-1　问题与解答

序号	问题	解答
1	配电箱的安装方式有哪几种？	
2	接线盒的安装要求是什么？	
3	一层AL4配电箱的尺寸是多少？其距地高度是多少？	
4	AA-2配电柜的尺寸是多少？此配电柜负责给哪些配电箱供电？	
5	HK1-30/2型号胶盖闸刀的含义是什么？	
6	断路器与熔断器有何区别？	
7	什么是低压电气设备？	

10.3.2 编制配电控制设备及送配电装置系统调试工程量清单

将附图中电气工程配电控制设备及送配电装置系统调试工程量的计算结果填入表10-2。

表10-2 计算结果

序号	分部分项工程名称	单位	数量	计算式

10.3.3 实训总结

通过项目教学,将学习的心得体会填入表10-3,形成总结报告。

表10-3 安装工程计量与计价综合实训总结报告

参考文献

[1] 中华人民共和国建设部．全国统一安装工程预算定额[S]．北京：中国计划出版社，2008．

[2] 吴心伦，黎诚．安装工程造价[M]．2版．重庆：重庆大学出版社，2006．

[3] 刘钦．建筑安装工程预算[M]．北京：机械工业出版社，2007．

[4] 张文焕．电气安装工程定额与预算[M]．北京：中国建筑工业出版社，1999．

[5] 王晋生．新标准电气识图[M]．北京：中国电力出版社，2003．

[6] 姚建刚．建筑电气与照明[M]．北京：高等教育出版社，1994．

[7] 曹丽君．安装工程预算与清单报价[M]．北京：机械工业出版社，2009．

[8] 宋洁萱，佟勇．建筑安装工程概预算与清单计价[M]．大连：大连理工大学出版社，2013．